AF343865

MÉTHODE
FACILE

DE CONSERVER A PEU DE FRAIS

LES GRAINS

ET LES FARINES.

Par M. PARMENTIER, Cenſeur Royal, &c.

Ni mon Grenier, ni mon Armoire
Ne ſe remplit à babiller.
LA FONTAINE.

A LONDRES,

& ſe trouve A PARIS,

Chez BARROIS l'aîné, Libraire, Quai des Auguſtins.

M. DCC. LXXXIV.

CATALOGUE *des Ouvrages de* M. PARMENTIER, *qui se vendent chez le même Libraire.*

L E parfait Boulanger, ou Traité complet sur la fabrication & le commerce du Pain, *in*-8. . . 6 liv.

Avis aux bonnes Ménagères des villes & des campagnes, sur la meilleure manière de faire leur pain ; nouvelle édition, *in*-12. broché . . . . . 1 liv.

Moyen proposé pour perfectionner promptement dans le Royaume la Meûnerie & la Boulangerie, *in*-12. 1 l.

Expériences & Réflexions relatives à l'Analyse du Bled & des Farines, *in*-8. broché . . . 1 liv. 10 sols.

Les Pommes de Terre, considérées du côté de la santé & de l'économie, nouvelle édition, *sous presse.*

Manière de faire le pain de Pommes de Terre, sans mélange de farine, *in*-8. broché . . . . 1 liv. 10 sols

Traité de la Châtaigne, *in*-8. broché . . . 2 liv.

Recherches sur les Végétaux nourrissans, qui dans les tems de disette peuvent remplacer les alimens ordinaires, avec de nouvelles observations sur la culture des Pommes de Terre, *in*-8. . . . . . . 6 liv.

Récréations Physiques, Chimiques & Economiques de M. Model, Ouvrage traduit de l'Allemand, avec des observations & des additions, 2 volumes *in*-8.
10 liv.

Chimie Hydraulique pour extraire les sels essentiels des végétaux, des animaux & des minéraux par le moyen de l'eau pure, par M. le Comte de la Garaye ; nouvelle édition, revue, corrigée & augmentée de notes par M. Parmentier, *in*-12. relié. . . . 3 liv.

AVERTISSEMENT.

J'AVOIS déja tout lieu de croire que mes recherches fur les alimens de premier befoin, jouiffoient de la faveur d'être utiles, puifque le Public judicieux & impartial avoit daigné les accueillir ; mais l'envie, la prévention & l'ignorance s'é-tant réunis fous le voile de l'Ano-nyme pour lancer leurs traits con-tre moi, il ne m'eft plus permis d'en douter. Cependant, après avoir réfuté leurs objeétions, & combattu leurs erreurs fans ja-mais bleffer les règles de la bien-féance & de l'honnêteté, je ne m'attendois pas à les voir fe re-produire toujours dans le même cercle vicieux, & avec le ton qui leur convient. J'ai penfé que le tems trop court pour le perdre en difputes & en répliques, fe-roit mieux employé à confirmer

par de nouvelles obſervations &
des expériences déciſives, la vérité de quelques principes que j'ai
établis concernant une des bran-
ches les plus importantes de l'économie rurale & domeſtique.

Heureux qui, ne voyant dans
ſon travail d'autre récompenſe que
ſon travail, goûte en paix la ſa-
tisfaction du bien qu'il a pu faire,
& de celui qu'il a encore l'eſpoir
de procurer à ſes ſemblables !

MÉTHODE

FACILE

DE CONSERVER A PEU DE FRAIS

LES GRAINS

ET LES FARINES.

LA conservation des Grains & des Farines intéreſſe trop eſſentiellement les grandes adminiſtrations en général, & tous les ordres de citoyens en particulier, pour ne pas reprendre cet objet à meſure que nous approfondiſſons les effets phyſiques de l'air & du feu; comme ce ſont les deux agens de la conſervation ou de la deſtruction des corps, il ſeroit difficile, ſans doute, de faire des connoiſſances acquiſes en ce genre une application plus utile.

A

On fait que l'humidité & la chaleur ne font pas les feuls ennemis que nous ayions à combattre pour préferver notre fubfiftance journalière de tout événement fâcheux : ces effains d'infectes fi redoutables à caufe de leur petiteffe , de leur voracité & de leur prodigieufe multiplication , exercent d'autres ravages dont il n'eft pas moins important de fe garantir. Que de moyens propofés & effayés dans cette vue. Ils font tous infuffifans , la plupart dangereux ou impraticables , malgré le zèle patriotique des Sociétés favantes qui ont fait de cette queftion le fujet de leur prix. Il m'en coûte infiniment de déclarer ici que les Mémoires qui ont obtenus leur fuffrage , font encore bien éloignés d'atteindre au but defiré.

Sans vouloir rappeller ici , même en abrégé , les précautions employées en France jufqu'à ce jour , relativement à cette branche intéreffante de l'économie rurale , je me bornerai à confirmer par de nouvelles obfervations & des expériences décifives , l'efficacité de la méthode indiquée dans le *Parfait Boulanger* , pour empêcher que les grains & les farines ne contractent par fucceffion de tems quelque mauvaife qualité , &

ne finiffent même par devenir la proie des animaux deftructeurs : cette Méthode déja adoptée & fuivie dans de grands établiffemens, ne laiffe plus aucun doute à l'égard de la préférence qu'elle mérite fur tous les moyens imaginés ; il eft ems de fixer l'opinion à ce fujet.

Des Grains & des Farines en couches, en rame, en garenne & en facs empilés.

Ces différentes méthodes de confervation, font les plus univerfellement adoptées & pratiquées ; nous allons en donner une idée, afin que l'on puiffe comparer leurs inconvéniens avec les avantages du moyen propofé pour leur être fubftitué.

Des Grains en couches.

Dès qu'une fois le bled eft battu, vanné & criblé, on le tranfporte au grenier ; là on le répand fur le carreau ou le plancher, en couches plus ou moins épaiffes ; on le travaille durant tout le tems qu'il y féjourne, en ayant l'attention de ne pas le perdre de vue

une minute pendant les chaleurs, sur-
tout lorsqu'il provient d'années froides
& humides, parce qu'alors il suit une
marche entièrement opposée à celle des
bons bleds récoltés secs, c'est-à-dire,
qu'il semble tendre toujours à sa dé-
térioration.

Inconvéniens des Grains en couches.

Les grains ainsi abandonnés à l'air humide, à la poussière qui tombe du plancher, aux ordures qu'y apportent les
ouvriers, aux insectes qui s'y introdui-
sent & s'y multiplient, exigent un travail d'autant plus soutenu, que les
masses sont plus considérables ; à peine
a-t-on combattu les effets de la chaleur,
de l'humidité & du local, qu'il faut songer à dépouiller les grains de tout ce que
le moyen défectueux de conservation y
a ajouté d'étranger : heureux encore si,
après beaucoup de soins, de dépenses
& de sollicitudes, la denrée n'en a
pas souffert dans ses qualités intrinsè-
ques, au point d'être forcé de s'en
défaire promptement & à vil prix !

Des Farines en rame.

Quelle que soit l'ancienneté d'un usage, on doit l'abandonner dès que la théorie d'accord avec la pratique, réclame contre son insuffisance, & même contre son danger. La conservation des farines en rame a été sans doute la première adoptée; elle consiste à porter au grenier le bled tel qu'il sort des meules, c'est-à-dire, la farine confondue avec les gruaux & les sons, à laisser ce mélange à l'air six semaines environ, jusqu'à ce qu'il ait fermenté; telle est l'expression dont on se sert dans les Provinces méridionales, où cette Méthode est encore suivie particulièrement pour ce qu'on nomme farines de minot.

Inconvéniens des Farines en rame.

Il est bien certain que le son & les gruaux se trouvant interposés entre les molécules de la farine, ils empêchent qu'elle ne se tasse & ne s'amoncèle; ils permettent à l'air sec de pénétrer plus aisément dans la masse, & à celle-ci de laisser exhaler une portion de l'humidité qu'elle renferme , & de se combiner plus intimement avec l'autre ; ce qui opère l'effet appellé si improprement *la fermentation de la rame* , & qui n'est qu'une véritable dessication insensible ; ensorte que la totalité de la farine se détache mieux de l'écorce , & se blute plus parfaitement. Mais le son en séjournant ainsi dans les farines , leur communique du goût & de la couleur ; il perd de son volume , & la farine bise qui s'y trouve toujours adhérente , se tamise en même tems que la farine blanche, ternit sa blancheur & la pique ; d'ailleurs , la mitte se met aisément dans le son , & si le grain d'où il résulte provient d'année humide , & qu'il fasse chaud , la farine ne tarde pas à s'altérer , souvent même c'est l'affaire de deux fois vingt-quatre heures.

Des Farines en garenne.

La farine étant blutée au moulin ou chez le particulier qui l'emploie ou qui la commerce , on la répand en couches ou en tas sur le carreau ou le plancher du magasin : on a la précaution de la remuer de tems en tems , & même tous les jours quand il fait chaud , afin d'empêcher qu'elle ne contracte de l'odeur , de la couleur , & qu'elle ne se maronne.

Inconvéniens de la Farine en garenne.

Cette méthode est encore exposée à plus d'inconvéniens que celle des grains abandonnés en couches ; la farine une fois salie par toutes les ordures & les insectes qui y ont eu accès, ne sauroit être nettoyée par aucun instrument ; il en coûte ensuite des déchets & beaucoup de frais de main-d'œuvre, pour empêcher que ces corps étrangers, aussi nuisibles à la santé du consommateur qu'à la conservation de la denrée , n'augmentent les dispositions naturelles qu'elle a de s'échauffer & de fermenter : aussi le pain , à l'approche des vives chaleurs , se ressent-il plus ou moins de cette défectuosité dans la conservation ; tantôt il a le goût de poussière , & tantôt celui de ver ou de charançon : ce qu'on ne manque pas d'attribuer à la mauvaise qualité du grain ou à un vice de fabrication , tandis qu'il ne faut accuser que la mauvaise manière de garder la farine qui fait tout le mal.

Des Farines en sacs empilés.

Pour éviter les inconvéniens des méthodes que nous venons d'exposer, on garde la farine renfermée dans des sacs rangés les uns à côté des autres auprès des murs ou en piles, ensorte qu'ils se touchent par tous les points de leur surface.

Inconvéniens des sacs empilés.

L'air ne pouvant circuler autour des sacs empilés, l'humidité qui transpire perpétuellement des farines qui s'y trouvent renfermées, n'est pas dissoute & entraînée au dehors. Or, ne faisant plus partie du corps d'où elle émane, elle réagit sur lui & le dispose à la fermentation ; la farine alors commence par se pelotonner à la surface interne du sac, & bientôt l'altération gagne les couches voisines : souvent cette méthode peut, malgré toutes les précautions, devenir perfide ; quelquefois on est dans la plus profonde sécurité sur le compte de ses farines, parce que de temps en temps on a eu soin de visiter les sacs qui sont les plus extérieurs des piles, & par conséquent rafraîchis par le contact de l'air, ce qui fait qu'ils n'ont éprouvé aucune altération, tandis que les autres sacs placés au centre sont déja échauffés & détériorés ; ainsi on ne s'apperçoit du mal qu'au moment où il n'y a plus de remède , & on fait circuler dans le commerce une marchandise qui a perdu la moitié de ses qualités.

Telles sont les diverses méthodes usitées pour conserver les grains ainsi que les farines ; & il n'y a aucuns fariniers & boulangers qui n'avouent que les inconvéniens dont nous venons de parler, ne soient la suite malheureuse de ce qui se passe chez eux. Rapportons quelques expériences propres à éclairer de plus en plus sur leurs pratiques défectueuses.

Des effets de l'air sur les Farines.

On sait que les poudres végétales abondantes en matière muqueuse exrractive, sont plus qu'aucune autre susceptibles d'attirer l'humidité de l'air, & de perdre, par l'action immédiate de cet élément, leur éclat : la farine en est un exemple.

Avant de rendre compte des expériences que j'ai entreprises pour confirmer de plus en plus cette observation, je dois prévenir que pendant qu'elles ont duré, le thermomètre s'est maintenu entre douze à quinze degrés, & que l'air a été constamment sec.

Ire. EXPÉRIENCE.

Pour mieux connoître les effets de l'air sur les farines, j'ai cru devoir commencer par m'assurer de leur pesanteur spécifique : en conséquence j'ai pris les trois farines provenantes du même grain; & une mesure qui contenoit six livres douze onces de farine de gruau, ne renfermoit que six livres neuf onces & demie de farine dite de blé, & six livres sept onces de farine bise.

IIe. EXPÉRIENCE.

J'ai abandonné à l'air pendant huit jours dans un grenier élevé, fort sec, douze livres des différentes farines d'un bon blé vieux. La farine dite de blé a diminué d'une once un gros, la farine

de gruau de cinq gros, & la farine bife
d'une demi-once.

IIIᵉ. EXPÉRIENCE.

Les mêmes espèces de farines, mais
provenantes d'un blé nouveau & fec,
ayant été mifes en expérience pendant
autant de temps, le même jour & dans
le même endroit, leur diminution en
poids a été un peu plus forte.

IVᵉ. EXPÉRIENCE.

Ces mêmes farines qui avoient diminué de poids à l'air dans un grenier
élevé & fec, ayant été expofées pendant huit jours dans un rez-de-chauffée
humide, ont repris non-feulement le
poids qu'elles avoient perdu, mais elles
ont acquis encore une augmentation
très-fenfible, au point que la farine dite
de blé avoit repris trois gros, celle de
gruau deux gros, & la farine bife une
demi-once.

Vᵉ. EXPÉRIENCE.

Dans la vue de rendre plus fenfible
l'effet d'un local humide fur la farine,

j'ai répété l'expérience précédente dans une cave peu profonde, & l'augmentation a été près de moitié plus considérable, en suivant toujours les mêmes proportions.

VIe. EXPÉRIENCE.

Craignant que l'augmentation de poids que les farines avoient acquise ne vînt du carreau ou du sol sur lequel elles posoient, je les mis dans des corbeilles d'osier sur un endroit assez élevé pendant le même espace de temps, & j'ai obtenu des résultats à peu près semblables.

VIIe. EXPÉRIENCE.

Au lieu d'abandonner les farines à l'air, je les ai renfermées dans des petits sacs d'une toile assez serrée dont je connoissois le poids ; il en est résulté que toutes choses égales d'ailleurs, le déchet a été à peu de chose près aussi considérable & l'augmentation moindre.

VIIIe. EXPÉRIENCE.

Cinq cents livres de blé nouveau &

fec ayant été moulues à la groſſe , j'en
ai formé deux parts égales. L'une a été
abandonnée à l'air , & l'autre eſt reſtée
dans le ſac bien fermé , le tout dépoſé
dans le même endroit pendant un mois
ſans être remué : il s'eſt trouvé que la
première avoit perdu huit onces , & la
ſeconde ſept onces & demie.

IXe. Expérience.

Les farines de l'expérience précédente ayant été blutées ſéparément , le
même jour , dans le même endroit &
par les mêmes bluteaux , celle qui avoit
été à l'air s'eſt tamiſée un peu plus aiſément & a donné une plus grande quantité de farine dite de blé . mais terne
& piquée ; tandis que celle du ſac étoit
claire , blanche & pure.

X^e. Expérience.

Le temps étant venu à changer tout-
à-coup , & ayant paſſé de l'extrême
ſéchereſſe à la très-grande humidité ,
j'ai porté mes différentes farines dans
tous les endroits où je les avois d'a-
bord expoſées , & huit jours après j'ai
obſervé qu'elles avoient toutes gagné

du poids à raison de leur nature & du
local où elles ont été exposées.

XIe. EXPÉRIENCE.

J'ai pris six livres de gruau brut, &
autant de la farine blutée qui en réfulte ;
je les ai mises dans un endroit sec, &
enfuite dans un endroit humide : il eft
arrivé que dans la circonstance où la
farine augmentoit de poids, le gruau ac-
quéroit moins, & que c'étoit le contraire quand il régnoit un temps fort sec.

XIIe. EXPÉRIENCE.

J'ai mis fous l'auvent d'une cour pendant deux jours de pluie la farine qui for-
toit de la cave ; elle n'a pas abforbé
davantage d'humidité, elle en paroiffoit
faturée.

XIIIe. EXPÉRIENCE.

Pour conftater plus en grand l'effet
de l'air libre fur les farines, j'ai mis
en tas dans un grenier pendant quatre
mois fept cents foixante-quinze livres de
farine de gruau, & pareille quantité en
trois facs ifolés, plus le même poids de

farine bife en tas , & autant en trois facs
ifolés : le temps ayant été en général très-
froid & fort fec , il s'eft trouvé que la
première a perdu à l'air , trois livres &
demie , & celle du fac , quatre livres ,
tandis que la farine bife a perdu à l'air
trois livres , & autant en facs.

XIVe. EXPÉRIENCE.

Curieux de connoître l'action de l'air
froid fur les farines , j'ai profité de la
faifon rigoureufe que nous venons d'é-
prouver pour tenter quelques expériences ; j'ai eu occafion de remarquer que
les farines abandonnées à elles-mêmes
ont perdu à peu près autant lorfque le
thermomètre étoit au deffous de zéro
que quand il avoit douze degrés au
deffus , & qu'il régnoit la même féche-
reffe.

XVe. EXPÉRIENCE.

En comparant une farine abandonnée à l'air pendant fix mois dans un
grenier bien plafonné & exactement
fermé , avec la même efpèce fortie du
fac au moment de l'examen , j'ai vû aifé-

ment que la première étoit plus terne & avoit moins d'éclat.

XVIe. EXPÉRIENCE.

Cette farine abandonnée à l'air, & celle renfermée dans le sac, ayant été converties l'une & l'autre en pain, elles n'ont présenté aucune différence dans le travail, excepté que celle du sac a donné un pain d'une nuance plus blanche & d'un goût plus savoureux.

VXIIe. EXPÉRIENCE.

Douze boisseaux de son, pesant 73 liv. 4 onces, ayant été mis en sac, & pareille quantité vidée sur le plancher ; pendant quatre mois, dans un temps sec & froid, il s'est trouvé que le son en sac n'a perdu en poids que quatre onces, tandis que celui qui a été exposé à l'air a diminué de quatre livres, & d'un demi-boisseau à la mesure.

Observations concernant les effets de l'air sur les Farines.

D'après ces expériences qu'on peut varier & multiplier à l'infini, on voit

que la farine eſt un véritable hygro-
mètre, puiſqu'en l'abandonnant à l'air
dans le grenier le plus favorable à ſa
conſervation, elle acquiert ou perd du
poids, à raiſon de l'état de l'atmoſ-
phère, du local, & des ſurfaces qu'elle
préſente, & que cette alternative de
diminution & d'augmentation eſt moins
ſenſible quand la farine eſt en ſacs.

Une autre vérité non moins impor-
tante à établir, c'eſt que les farines ſe
sèchent d'autant moins aiſément, qu'elles ſont naturellement plus humides. Ce
phénomène qui offre au premier coup
d'œil quelque choſe de contradictoire,
s'explique néanmoins très - aiſément;
plus les farines ont d'humidité ſurabondante, plus auſſi elles ont de diſpoſition
à ſe charger de celle qui circule dans
l'air, à cauſe de leur état muqueux &
extractif : au lieu que dans les farines
naturellement sèches, ſerrées & peu
ſpongieuſes, comme celle de gruau,
par exemple, cet état muqueux & extractif n'eſt ni auſſi abondant ni auſſi
développé, la portion d'humidité qu'elle
renferme eſt moins tenace, moins adhérente & plus diſpoſée à lâcher priſe; d'où
il ſuit que, toutes choſes égales d'ailleurs, plus les farines ſont humides, moins

elles fe sèchent à l'air , *& vice verfâ.*

La règle généralement adoptée , fa-voir , que les corps reprennent l'eau à raifon de leur fécherefle & de leur denfité , fe trouve donc abfolument démentie ici, puifque la farine bife fpé-cifiquement moins pefante & plus fpon-gieufe que celle de gruau provenant du même grain , attire davantage l'hu-midité, & perd moins aifément celle qu'elle renferme.

On voit encore que toutes les fois que l'air eft affez fec pour faire éprou-ver aux farines un déchet, ce déchet n'eft jamais proportionné à l'augmen-tation qu'elles acquièrent dans une cir-conftance contraire.

Si les farines bien foignées s'amélio-rent pendant quelques années , il s'en faut bien que ce foit uniquement à la diffipation de leur humidité furabon-dante qu'il faille attribuer cette amé-lioration; une partie, il eft vrai , s'é-vapore , mais l'autre, douée encore du mouvement végétatif, a une propenfion pour fe combiner avec les autres prin-cipes, d'où réfultent une plus grande fé-cherefle, un tout plus homogène , en un mot , une meilleure qualité.

Ainfi , quand on dit que les grains

jettent leur feu & se ressuent à la grange, que les farines mûrissent & prennent du corps à la longue, que la fermentation de la rame s'établit au magasin, c'est toujours ce double effet d'évaporation & de combinaison dont on veut rendre raison, & qu'il faut chercher à opérer d'une manière lente & insensible ; la farine renfermée dans le sac, en perdant fort peu, acquiert beaucoup de sécheresse ; & si, fondé sur leur plus grande évaporation, on a pensé que cette sécheresse étoit plus facile à obtenir lorsqu'on répandoit les farines en couches, on n'a pas réfléchi en même temps que cette évaporation appartenoit en partie à la farine elle-même, que le vent enlève & distribue au loin.

Pendant qu'on la travaille & qu'on la manœuvre, on voit les ouvriers, pour respirer & avaler moins de farine, ouvrir les fenêtres, par où elle s'échappe pour aller couvrir les toits, les jardins, & les cours des maisons qui les avoisinent ; mais la farine devient moelleuse & sèche dans le sac, sans éprouver de déchet considérable & sans l'accès de l'air libre, qui n'y apporte souvent que de la poussière & de l'humidité.

Au reste, il seroit superflu d'insister long-temps sur les expériences qui prouvent combien l'air humide, chaud ou froid, influe sur les farines les plus sèches, & dans le grenier le mieux conditionné, puisque les boulangers qui sont dans l'habitude de bluter chez eux, font ensorte de choisir, autant qu'ils le peuvent, un temps sec pour le succès de cette opération ; car lorsqu'il règne du brouillard ou qu'il pleut, ils ont remarqué que la farine est humide, que les bluteaux se graissent & tamisent mal.

Mais indépendamment des inconvéniens sans nombre qui accompagnent la méthode de répandre les farines sur le plancher ou le carreau du magasin immédiatement après la mouture, cette méthode est embarrassante & même impraticable. Dans les moulins à vent le local n'est pas assez étendu pour l'exécuter ; on a l'humidité à craindre dans les moulins à eau ; enfin, les fariniers, les boulangers eux-mêmes, ne sont pas logés de manière à pouvoir la mettre en usage.

D'un autre côté, le son, en séjournant dans les farines, nuit directement à leur beauté & à leur conservation, il s'en détache une poussière grise qui ternit leur éclat & les pique, il leur communique une odeur particulière : enforte qu'on peut assurer d'une manière positive que, quelle que soit la méthode de moudre, il fera toujours infiniment plus avantageux de bluter peu de temps après la mouture, que de laisser la farine & les issues confondues ensemble, & que l'unique moyen de les conserver très-long-temps en bon état, c'est de renfermer les unes & les autres dans des facs disposés & arrangés comme nous le dirons bientôt.

Paffons à une autre méthode de conservation, qui pour être falutaire dans certaines circonstances, deviendroit très-préjudiciable dans d'autres fi on l'employoit indifféremment & fans une nécessité urgente.

Des Grains & des Farines étuvés

L'humidité ayant été regardée de temps immémorial comme un des principaux instrumens de l'altération des grains ainsi que des farines, & leur transport ne pouvant se faire au loin

fur-tout quand la récolte a été pluvieufe & froide, fans fubir des avaries,
on a cherché à leur appliquer la chaleur du feu. Toute l'Europe a applaudi
aux opérations que M. Duhamel a exé-
cutées en petit & en grand fur cette matière, avec un défintéreffement & un
patriotifme digne des plus grands élo-
ges ; mais malgré ma vénération pour
ce laborieux académicien, je n'ai pu
me difpenfer de faire de fon vivant
quelques objections contre l'étuve,
contre cette invention que je ne me
laffe pas d'admirer tout en la critiquant.

Défauts de l'étuve.

Malgré l'habitude la plus exercée, il
eft impoffible de fixer le temps que le
grain doit féjourner dans l'étuve, ni
de déterminer au jufte le degré de
chaleur convenable pour fa parfaite
deffication ; quelque modérée qu'on
fuppofe cette chaleur, elle préjudicie
toujours au commerce par le déchet
prodigieux qu'elle occafionne au poids
& à la mefure, par les frais de conf-
truction, de chaufage & de main d'œuvre qu'elle entraîne ; elle enlève en
outre au blé cet état liffe & coulant,

qu'on nomme la main ; elle le rougit, & elle efface les traits, les signes d'après lesquels on décide du terroir qui la produit, des qualités & des défauts que la saison ou les négligences lui ont conciliés ; enfin, la farine qui résulte d'un grain étuvé est toujours terne, & le pain qu'on en prépare manque de ce goût de fruit qui caractérise ordinairement les bons blés non étuvés.

Insuffisance de l'étuve.

Sans vouloir attacher à l'étuve plus d'imperfection qu'elle n'en a réellement, je ferai seulement remarquer que ses partisans, séduits par un zèle assurément bien louable, ont étendu son pouvoir beaucoup trop loin, en annonçant que le feu appliqué au blé pour le dépouiller de son humidité surabondante, suffisoit en même temps pour le mettre à l'abri des insectes, pour faire même mourir ceux qui s'y étoient déjà introduits, qu'enfin, on pouvoit l'abandonner ainsi au grenier sans avoir besoin de le remuer & de le travailler : le malheur est que toutes ces belles promesses ne se soient jamais réalisées.

D'abord, les recherches savantes de

M. de Joyeuse, commissaire de la Marine, ont prouvé que du blé étuvé n'en est pas moins susceptible de devenir la proie des insectes ; ensuite, les expériences en grand, entreprises par les ordres de M. Duverney, au parc de Vaugirard, nous apprennent que pour faire mourir la totalité des insectes qui se trouvent dans le blé, il falloit pousser la chaleur jusqu'au 90e. degré, ce qui desséchoit trop le grain, & le torréfioit, pour ainsi dire ; enfin, M. le président de Meslay a démontré que du blé dépouillé de son humidité par l'étuve ne tarde pas à la reprendre, & qu'abandonné en couche dans un grenier sec, il n'en étoit pas moins propre à s'échauffer & à fermenter si on n'a pas soin de le remuer : tous ces faits attestés par les témoignagnes les plus irréprochables sont justifiés par de nouveaux essais, & il n'est plus permis de les révoquer en doute.

Utilité de l'étuve.

Il seroit injuste de contester à l'étuve quelques avantages dont l'évidence est frappante ; exposons-les avec la même franchise que nous l'avons fait relativement

vement à fes inconvéniens, nous n'a-
vons nul intérêt de déguifer la vérité.

Toutes les années ne fourniffent pas
des grains fufceptibles de fe conferver; il
en eft auxquels les différents degrés de
la végétation ont été fi avantageux, que
de ce concours de circonftances heureufes, réfulte une univerfalité de
bonne efpèce qui fait époque parmi les cultivateurs : mais il y a des
blés provenans d'années pluvieufes & de
récoltes humides, qui menacent ruine
dès qu'ils font au grenier : l'air fec &
frais feroit infuffifant pour enlever ou
combiner fur le champ leur humidité
furabondante, & prévenir la germination qui en eft la fuite; il faut donc
leur adminiftrer un fecours prompt,
plus actif que le pélage & le criblage : le feu feul, le feu eft le moyen
le plus efficace dans cette circonftance :
il met d'abord les grains en état de
fe conferver & de fe moudre avec plus
de profit, de fournir enfuite des réfultats moins médiocres ; car il eft inutile
de fe faire illufion : un bled qui n'aura
pas été récolté fec, ne pourra jamais
réunir toutes les qualités que poffede
celui qui n'a pas été nourri d'eau, quels
que foient les foins multipliés des Mar-

chands, l'induſtrie des Meûniers & la manipulation éclairée du Boulanger : mais enfin, ces avantages ſont certains, & les inconvéniens naturels de l'étuve ne doivent être comptés pour rien, quand il s'agit de ſauver une proviſion ; il ſuffit que ſon uſage ne puiſſe nuire à la ſanté.

Cependant, quoiqu'on ſoit aſſez généralement d'accord ſur l'utilité de l'étuve dans tous ces cas, ou pour faire perdre aux grains, tels que le ſarraſin & les ſemences légumineuſes, leur viſcoſité naturelle, on ne doit jamais s'en ſervir pour ceux qui ſont deſtinés à la reproduction : trop d'exemples prouvent combien le germe ſouffre étant expoſé à la chaleur du feu ; je ſuis donc forcé de convenir que le ſuccès de l'étuve, dépend encore de pluſieurs circonſtances difficiles à ſaiſir & à concilier.

Il ſeroit donc à deſirer que les Auteurs qui ont prétendu faire du feu, l'agent excluſif de la conſervation des grains & des farines en préſentant l'étuve comme un des moyens les plus ſalutaires, ajoutaſſent à cet inſtrument ce qui lui manque afin de le rendre moins coûteux, plus commode & plus utile ; c'eſt là au moins où devroient aboutir toutes leurs recherches : autrement je ne cefferai de dire, avec M. l'abbé *Villin*, qui a déja fait des reproches à l'étuve, avec cette candeur qui annonce le favant honnête, qu'en enlevant au bled fon humidité furabondante, elle détruit ce qu'on nomme dans le commerce, *la main*, ternit la farine, & affoiblit la partie fapide du pain.

De la préférence du four fur l'étuve.

Le fuccès des expériences faites en Angoumois par MM. *Duhamel* & *Tillet*, prouvent que quand le criblage eft infuffifant pour débarraffer les grains des infectes qui s'y font introduits, il faut donner la préférence au four dont la forme explique les raifons phyfiques pour lefquelles une chaleur moins confidérable que dans l'étuve, peut produire un effet plus intenfe.

D'ailleurs, cette opération éloigne toute idée de dépenfe & d'embarras ; le four eft un inftrument qui fe trouve dans prefque toutes les maifons, & chacun peut difpofer de celui de fon voifin.

La chaleur dont on profite feroit perdue fans cet emploi ; mais que les grains paffent à l'étuve ou au four , il faut , ainfi que nous l'avons fouvent recommandé dans nos ouvrages , tâcher de ménager toujours un courant pour donner iffue à l'odeur qui s'en exhale , il eft encore prudent de ne jamais le mettre dans le commerce , ni de l'envoyer au moulin qu'il ne foit parfaitement refroidi & criblé à différentes reprifes.

Je ne faurois trop rappeler aux boulangers & aux particuliers qui préparent leur pain eux-mêmes , l'invitation preffante que je leur ai déja faite pour leurs propres intérêts , de fe ménager au deffus de leur four une efpèce de chambre , dût on , comme chez beaucoup de boulangers de la capitale , baiffer le four au deffous du fol : en le faifant égalifer & carreler , en élevant les murailles de fix pieds , en prolongeant les ouras par le moyen de tuyaux de poèle , on auroit le moyen de fe procurer une étuve évidemment économique , dans laquelle les grains trop nouveaux , trop humides ou naturellement gras , acquerroient en vingt-quatre heures la faculté de fe moudre avec plus de profit , & de fournir , moyennant cette deffiçation préalable, une farine plus abondante, plus parfaite, & plus fufceptible par confé-quent de fe garder.

En attendant qu'à l'imitation des Chinois nous établiffions des étuves pu-bliques, les feigneurs pourroient-ils re-fufer d'ajouter aux fours bannaux cette perfection? Ils en retireroient les pre-miers avantages pour leurs vaffaux, & procureroient fans frais le moyen de chaufourner toute la récolte d'un Canton quand elle feroit humide, ou qu'il s'a-giroit de menus grains.

Des effets du feu fur les Farines.

En appliquant la chaleur du feu aux farines comme aux grains, M. Duhamel avoit le projet de faire des minots avec tous les blés de l'intérieur du royaume & même des pays feptentrionaux; mais, malgré des vues auffi louables & le fuccès des expériences qu'il a obtenu, nous ne pouvons nous difpenfer encore de faire à cette méthode quelques re-proches fondés fur les expériences fui-vantes.

Iʳᵉ. EXPÉRIENCE.

J'ai exposé vingt - quatre heures au dessus des fours de l'Ecole de Boulangerie, dont la chaleur est de 40 à 50 degrés, quatre livres de chacune des trois espèces de farines du meilleur blé; & après les avoir pesées au bout de ce temps, il s'est trouvé que la farine dite de blé avoit perdu quatre onces, celle de gruau trois onces & demie, & la farine bise quatre onces.

IIᵉ. EXPÉRIENCE.

Ces trois farines portées dans un grenier fort sec, dont la température étoit de 15 degrés au dessus de zéro, ont repris, jusqu'au moment où elles ont été parfaitement refroidies, environ la moitié du poids qu'elles avoient perdu; & en continuant de les laisser à l'air dans le même endroit pendant quinze jours, elles ont repris à peu de chose près le poids qu'elles avoient perdu auparavant; la farine bise l'avoit en entier.

IIIᵉ. EXPÉRIENCE.

En comparant les farines étuvées avec celles de la même espèce qui n'étoient pas sorties du sac, j'ai remarqué que les premières avoient moins de blancheur, & qu'elles exhaloient une odeur semblable à celle du savon.

IVᵉ. EXPÉRIENCE.

J'ai formé avec une livre de farine de gruau étuvée & suffisante quantité d'eau, une pâte ferme qui, comparée à celle d'une même farine non étuvée, a présenté des différences sensibles : elle avoit d'abord moins de blancheur, l'odeur de savon se manifestoit davantage, elle ne s'alongeoit pas autant ; enfin, pour parler le langage de la boulangerie, elle étoit plus courte.

Vᵉ. EXPÉRIENCE.

Pour mieux connoître le principe du froment sur lequel se portoit l'action de la chaleur, j'ai retiré d'une livre de farine de gruau étuvée, la matière glutineuse qu'elle renfermoit ; & en la comparant avec celle extraite de la même quantité de farine non étuvée, elle étoit d'un tiers moins pesante; elle avoit de plus l'aspect terne, & manquoit un peu de cette élasticité qui la caractérise lorsqu'elle n'a éprouvé aucune altération.

VIe. EXPÉRIENCE.

Dans l'espérance que la matière glutineuse des farines étuvées reprendroit son premier état au bout d'un certain temps , j'ai attendu pour la retirer qu'elles eussent acquis à peu près le poids qu'elles avoient auparavant & même au-delà , en les exposant dans un lieu très-humide; mais la substance glutineuse a toujours paru altérée.

VIIe. EXPÉRIENCE.

J'ai pris quatre onces de farine étuvée , que j'ai délayées dans une pinte de lait & fait cuire jusqu'à consistance de bouillie , qui , comparée avec une autre bouillie préparée de la même manière , mais avec une farine non étuvée , a paru à tous ceux qui l'ont goûtée, meilleure & moins collante.

VIIIe. EXPÉRIENCE.

Il ne reſtoit plus pour dernier objet de comparaiſon à faire, que de ſoumettre les farines étuvées au travail de la boulangerie, en procédant de la même manière avec les mêmes eſpèces de farines provenues du même blé : le pain s'eſt trouvé moins blanc que celui des farines non étuvées, & il a conſervé un peu de ce goût de ſavon que nous avons déja remarqué.

IXe. EXPÉRIENCE.

En prolongeant le ſéjour des farines au deſſus du four plus de ving-quatre heures, & leur faiſant ſubir les mêmes épreuves, je me ſuis apperçu que les effets dont il a été queſtion précédemment, étoient encore plus marqués.

X^e. EXPÉRIENCE.

Les farines au ſortir du deſſus du four ayant été miſes dans des petits ſacs, n'ont refroidi entièrement que deux jours après celles qui avoient été expoſées à l'air ; mais au bout de quinze

jours de demeure dans un grenier fort
sec , elles n'ont repris que les trois
quarts du poids qu'elles avoient perdu ,
quoique le temps fût alors très-humide.

XIe. EXPÉRIENCE.

Je me suis procuré des farines d'un
blé excessivement humide , que j'ai lais-
sées pendant le même espace de temps
au dessus du four : leur déchet a été
plus considérable ; mais au toucher elles
avoient plus de corps ; la pâte qui en
est résultée n'étoit plus grasse ; elle a
gonflé davantage à l'apprêt ; le pain a
paru mieux levé & plus savoureux que
celui de la même farine non étuvée.

Observations concernant les effets du feu sur les Farines.

Il paroît bien constaté qu'à l'aide du
feu & en moins de vingt-quatre heures ,
il est facile de mettre les grains les plus
humides en état de se conserver un certain temps, & de se transporter même
au loin ; mais, quelque soin qu'on se
donne ensuite pour les moudre & pour
faire du pain, il est impossible que cet

aliment ſoit auſſi blanc, auſſi ſavoureux que celui d'un bon grain non étuvé.

On a eu bien tort ſans doute de comparer le deſſéchement du grain opéré par l'étuve à celui qui réſulte de l'action de l'air : le premier s'opère très-bruſquement ; le blé augmente d'abord de volume, l'humidité de végétation ; celle qui appartenoit à la bonne nature du blé ſe raréfie & s'évapore ; mais celle qui y entre comme partie conſtituante, eſt forcée de quitter ſon aggrégation par un dégré de chaleur que n'a aucun climat ; elle entraîne avec elle un principe odorant que nous nommons *eſprit recteur*, combine ou altère les autres parties ; ce qui apporte néceſſairement dans la conſtitution du grain, un dérangement réel : dérangemeut dont le germe reproductif ſe reſſent le premier.

Le deſſéchement du grain opéré par l'air eſt entièrement différent ; il n'y a que l'humidité ſurabondante qui s'évapore inſenſiblement, tandis que l'autre ſe combine plus exactement, ſans qu'aucun des principes ſe trouvent dans un état de chaleur qui les approche de la décompoſition. Ainſi il arrive inſenſiblement à l'état d'un blé vieux, dont la farine, comme on ſait, n'a plus ce

moëlleux faute d'humidité néceſſaire ,
& ne donne qu'un pain peu ſavoureux,
tandis que par le moyen de l'étuve ,
cet état , qu'on peut comparer à celui
qu'ont les ſemences légumineuſes quelques années après leur récolte , eſt l'ouvrage de vingt-quatre heures.

Mais autant l'étuve préjudicie aux
grains qui réuniſſent toutes les qualités
requiſes , autant elle peut devenir utile
pour ceux qui ſont médiocres : elle enlève l'eau ſurabondante, combine celle
qui y eſt eſſentielle, détruit leur état
mou , gras & viſqueux ; enfin , elle
achève la maturité : ce qui les met en
état de ſe conſerver plus long-tems, d'être
un peu moins ſuſceptibles dés inſectes,
de ſe moudre avec plus d'avantage , &
de devenir au pétrin d'un meilleur travail.

Cela poſé , ſi le grain défendu par
l'enveloppe ne ſauroit réſiſter à l'action
du feu ſans perdre de ſes qualités , à
plus forte raiſon la farine ſur laquelle
cette action ſe porte. Or , ſi les pâtiſ-
ſeries & la bouillie de farine étuvée
ſont meilleures qu'avec la farine non
ſéchée , on a eu tort d'en conclure que
c'étoit une perfection qu'elle avoit reçue
en paſſant au feu ; c'en eſt bien une

pour ces sortes de préparations , &
c'est à cause de ce motif que nous l'a-
vons indiqué autrefois ; mais cette perfection trop vantée est entièrement aux
dépens de la substance glutineuse, d'où
dépend en partie la bonne qualité du
pain. Car c'est une vérité que je crois
avoir démontrée jusqu'à l'évidence, que
la farine qui fait la meilleure bouillie ,
est celle qui convient le moins à la panification.

Indépendamment du préjudice no-
table que le feu apporte aux principes
de la farine, son application est gênante ,
coûteuse & impraticable : les boulangers
n'ont pas d'étuve , ni les particuliers
de dessus de four ; d'ailleurs il est démontré que les meilleures farines étuvées , exigent ensuite plus de surveil-
lance pour être conservées en bon état :
l'humidité qu'elles attirent dans les bâ-
timens où elles séjournent , provenant
d'une atmosphère corrompue à cause du
grand nombre d'hommes qui y vivent ,
est toujours grasse ; elle leur est moins
propre ; elle ne se distribue pas de la
même manière, ni aussi uniformément :
sa combinaison est plus lâche ; & à la
moindre chaleur , elle ne tarde pas à se
mettre en mouvement pour réagir ; c'est

ce qu'ont très-bien remarqué tous ceux
que l'occasion a mis à portée de se ser-
vir de l'étuve, même avec une prévention favorable, & qui ont suivi en
même temps ses effets sur la farine,
depuis son départ pour les voyages de
long cours, jusques à son retour.

L'économie & la politique devroient
donc se récrier contre l'emploi sans nécessité de l'étuve, contre une consommation inutile de bois, devenu si rare
par le luxe de nos habitations, par
l'abus des défrichemens & l'oubli des
plantations : la plupart de nos provinces à blé offrent chaque année
des grains assez secs pour la fabrication des farines de Minot, sans qu'il
soit nécessaire de les soumettre à une
dessication préalable, opération toujours dispendieuse, & rarement indispensable: il s'agiroit seulement de ne
destiner à cet objet que le blé le plus
pur, le plus net, le plus sec, de n'employer pour le moudre que la mouture
par économie, de faire en sorte que
cette mouture fût légère & ronde,
de ne pas tirer à la quantité de farine,
de se borner, par exemple, à la farine dite de blé, mélangée avec celle
dite première de gruau ; de renoncer

à cette ancienne habitude de laisser séjourner long-temps le son dans les farines, enfin, de ne les renfermer dans les barils que quelques mois après qu'elles auront été mises dans dès sacs isolés pour s'y refroidir, sécher & mûrir.

Pourquoi l'étuve est-elle vantée & employée par quelques commerçans ? C'est à cause de la préoccupation dans laquelle ils sont, qu'elle peut prévenir tous les dangers ; c'est qu'achetant des farines provenant de toutes sortes de grains, ils croient par cette opération les assimiler à celles d'un blé sec & d'élite, leur donner même une supériorité : mais l'expérience ne prouve que trop combien ils se trompent, & que jamais la farine étuvée même d'un bon blé ne résistera aussi long-temps à la mer, & ne fournira d'aussi bon pain que celle du même blé qui ne l'aura pas été : enfin, les célèbres manufactures de Nérac & de Mossac, qui depuis long-temps sont en possession d'approvisionner en partie nos colonies, n'étuvent pas leurs farines, & cette observation vaut à elle seule toutes celles que nous pourrions accumuler ici.

Si nous sommes forcés d'avoir recours

à l'étuve pour améliorer les grains qui ne
font pas fort fecs, & réparer en partie les
torts que l'humidité & le tranfport y ont
occafionnés, faifons donc en forte qu'ils
foient fuffifamment fecs afin de n'avoir
pas befoin de foumettre leurs farines à
la même opération, à moins que cette
denrée par une circonftance quelconque
n'ait contracté de l'odeur, de l'humidité, ou qu'on ne foit pas difpofé à
l'employer fur le champ, ou bien encore, qu'à défaut d'autres on foit obligé
de la conferver, & de la tranfporter
au loin : autrement ne manœuvrons,
n'étuvons que nos grains médiocres,
mais rarement les farines.

Confervation des Grains & des Farines en facs ifolés.

Eclairé par le vice de toutes les méthodes de conferver les grains & les
farines, M. Brocq à pris le parti de les
renfermer dans des facs ifolés, & de
les garder ainfi jufqu'au moment de leur
emploi ; mais, s'ils proviennent d'une
récolte pluvieufe & froide, qu'il règne
des chaleurs vives accompagnées d'o-
rages, on déplace les facs & on les
retourne cul fur gueule.

Ce moyen simple qui assure à si peu de frais la conservation des grains & des farines est exempt de tout danger, pare à tous les inconvéniens, & procure tous les avantages qu'on desire ; l'air ne pouvant pénétrer dans des masses de blé & de farines répandues en tas ou en couches, circule librement autour du sac, diminue & entretient au dedans une fraîcheur salutaire : ainsi, on évite par là les déchets occasionnés soit par les animaux, soit par les manœuvres du grenier, & on est à l'abri de mille autres accidens qui détériorent la denrée, renchérissent son prix & diminuent nos ressouces.

Une chose qui paroîtra étonnante, c'est que ceux qui crient le plus, mettez vos farines à l'air immédiatement après la mouture pour les refroidir, repandez-les en couches sur le carreau du magasin, c'est le seul & unique moyen de les sécher & de les conserver; ces législateurs ne font absolument rien de ce qu'ils proposent, quoiqu'ils aient la plupart des emplacemens capables de le faire: c'est qu'en ceci comme en beaucoup d'autres choses, ce ne font pas ceux qui donnent les préceptes qui les suivent. Je dois cependant rendre justice à quel-

ques boulangers éclairés, à qui j'ai en-
tendu blâmer la méthode que nous ex-
posons, & qui font bien satisfaits d'être
revenus de leurs préjugés.

Avant de présenter ici quelques faits
bien capables de justifier les avantages
des sacs isolés, parcourons l'histoire
des siècles les plus reculés, & nous
verrons que ces urnes, ces jarres, ces
corbeilles, dans lesquelles nos pères
conservoient leurs provisions, étoient
fondés sur les mêmes principes : nous
verrons que toutes les méthodes de conserver les grains en petites & en grandes
meules, en gerbe, en épi, ou dans
la paille au vent, dans des nattes en
forme de paniers ou de sacs, dans
des citernes revêtues intérieurement
de paille, dans des barils, des caisses
& des greniers à compartimens ; nous
verrons, dis-je, que toutes ces méthodes ont pour but de conserver cette
denrée sans aucun frais ; toujours on
cherche à empêcher que l'air chaud &
humide ne s'y introduise, à entretenir
assez de froid & de sécheresse pour que
les parties constituantes se trouvent
dans un état d'immobilité & d'inertie,
ce qui met les grains en état de se
conserver sans avoir besoin d'être tra-
vaillé.

Faits qui conflatent l'efficacité des facs ifolés.

Pour prouver l'efficacité de fa méthode, M. Brocq a divifé en trois parties égales, une certaine quantité de farine provenant d'un blé humide : la première qu'il avoit confervée felon le moyen indiqué, a bravé feule les chaleurs de l'été ; l'autre au contraire, quoique dans le même lieu, mais renfermée dans des facs empilés, s'eft échauffée au centre ; enfin, la troifième répandue fur le plancher du même magafin, a exigé des foins continuels pour arrêter fa propenfion à s'altérer, & elle étoit remplie de mittes.

M. Duverney, alors Intendant de l'Ecole Militaire, cet homme vraiment célèbre par les preuves innombrables qu'il a données de fon patriotifme & de fon humanité, M. Duverney fut témoin de cette expérience qu'il fuivit avec le plus grand foin, & il en rendit le compte le plus avatageux au Miniftre de la Guerre. Pourquoi réfifteroit-on plus long-tems à employer ce que l'expérience & la raifon enfeignent pour fe garantir contre cette foule d'insectes voraces, & les effets de la chaleur orageuse?

Mais comme une seule expérience, quelque décisive qu'elle puisse être, ne sauroit suffire pour prononcer sur les bons effets d'une méthode quelconque, ce n'a été qu'après l'avoir pratiquée à l'Ecole Militaire pendant quinze années, que l'Auteur s'est déterminé à la proposer à l'Hôtel Royal des Invalides; & quoique l'administration ait gémi long-tems sur la pratique très - défectueuse d'abandonner les farines en couches, elle n'a cependant adopté la nouvelle méthode qu'après en avoir suivi & comparé les effets, chaque année, chaque saison; quelle a été sa satisfaction en voyant du bled de la récolte de 1782, dont la garde a été très-difficile, résister aux effets, ordinairement si terribles, d'un été chaud accompagné de brouillards & d'orages!

A l'exemple de l'Hôtel des Invalides, l'administration des hôpitaux de Paris, éclairée également sur tous les vices de la conservation des farines en couches, s'est aussi empressée d'adopter la méthode des sacs isolés, en prenant les informations les plus détaillées sur cet objet. Jamais elle n'a fongé à revenir fur fes pas, ni à renoncer à un moyen qui lui procure tant d'avantages & d'écono- mie : quand verrons-nous donc un pa- reil moyen univerfellement adopté dans le Royaume ? C'eft la meilleure décou- vete jufques à nos jours pour conferver pendant long-tems les grains & les fa- rines dans toute leur bonté ; & nous ofons affurer qu'en fuivant cette prati- que, l'expérience ne tardera pas à en faire fentir l'utilité.

Lorfque les troupes françoifes fe réu- nirent en 1782 aux portes de Genève, l'hôpital ambulant vint s'établir dans le château de Vernier, diftant de la Ré- publique d'une lieue environ : bientôt les appartemens furent remplis de ma- lades, & il ne reftoit plus pour ferrer les provifions, que des endroits au rez- de-chauffée affez humides ; il s'agiffoit de favoir où placer l'approvifionne- ment de farines ; l'embarras étoit d'au- tant plus grand, qu'il faifoit alors ex- ceffivement chaud, & que les orages étoient fréquens. Je propofai à M. de la Fleurie, Adminiftrateur général des hôpitaux militaires du Royaume, de le mettre dans une grange affez fpacieufe qui, quoique fituée entre des écuries, ne deviendroit pas moins propre à remplir cet objet, pourvu néanmoins qu'on jettât des planches sur le sol, & que l'on y plaçât les sacs écartés les uns des autres. Ma proposition fut exécutée, & les farines déja fatiguées par le transport, ont bravé impunément un été brûlant, orageux, dans l'endroit le moins favorable à leur conservation. Le pain qu'on en a préparé, n'a pas cessé d'être le plus excellent pain de toute l'armée & du canton, au rapport des Officiers supérieurs qui venoient s'assurer de tems en tems de sa qualité.

Je ne rappellerai pas ici combien de fois dans de pareilles circonstances, les farines abandonnées en couches ou en tas dans le lieu le plus convenable à leur garde, ont été exposées à des pertes : combien de fois on a été forcé de se défaire promptement de cette denrée, à cause des frais de manutention qu'elle exigeoit, ou par rapport à la crainte de la voir dépérir. Je désirerois seulement qu'il fût possible d'effacer de ma mémoire le souvenir des maux qui en ont été la suite.

Le besoin des sacs & un reste de considération pour l'ancien usage, déterminerent au mois de juin de 1781, à répandre fur le carreau du magafin de l'Hôtel des Invalides, des farines en couches ; mais quoiqu'elles provinffent d'un bled fec, que la mouture eût une date ancienne, & qu'on les remuât continuellement, elles n'en devinrent pas moins en très-peu de tems la proie d'un infecte particulier qui s'y multi-plia au point que la farine en fut colo-rée. M. *de la Ponce* crut devoir con-fulter M. *Tillet*, dont l'autorité eft d'un fi grand poids ; cet Académicien, fans prononcer fur la caufe d'un pareil acci-dent, ayant examiné avec attention le local, vit avec une furprife extrême que la même efpèce de farine en facs ifolés dans la pièce voifine ne contenoit aucun infecte, qu'elle étoit fraîche & pure : d'où ils conclurent l'un & l'autre que c'étoit l'unique moyen de confer-ver les farines ; & depuis cette époque, on n'en a plus douté.

Dans l'ufage de répandre les grains & les farines fur le plancher, on ne voit que la commodité ou la néceffité de vider les facs ; & les yeux fermés fur les in-convéniens qui en font les fuites, on maudit les infectes, la pouffière, les ex-crémens des chats & des rats introduits dans le tas : la farine eft-elle échauffée, marronnée ; on en accuse le local, le Meûnier, la matière, la saison, les animaux domestiques, les ouvriers, tandis qu'il seroit si aisé d'éviter tous ces soins, tous ces embarras, tous ces déchets, en laissant dans le sac la farine telle qu'on la reçoit du Meûnier.

Pour juger de plus en plus combien la méthode de conserver les farines, telles qu'elles sortent du moulin, jusqu'au moment de les employer après des années de séjour dans les magasins, est simple, commode & salutaire ; il suffira de se transporter dans les Boulangeries de l'Hôtel des Invalides & de l'Hôpital Général, d'en parcourir les greniers, & de s'informer auprès de MM. les Administrateurs & des personnes auxquelles ils en confient la direction, pour savoir si cette méthode a été exposée à quelques inconvéniens : on verra les insectes, s'il s'en trouve dans les magasins, grimper sur les sacs, lécher la poussière qui se dépose toujours à leur superficie, & finir par mourir de faim au sein même de l'abondance ; tandis qu'au-dedans la farine est fraîche, douce, moelleuse, d'un blanc éclatant, & d'une odeur excellente.

Il n'y a pas déja de petits particuliers

qui

qui n'aient été à même d'en conftater l'efficacité, en confervant dans des tonneaux ou dans des coffres leur approvifionnement en farine. Il eft vrai que par ce moyen ils ne font pas tout-à-fait à l'abri des infectes, & que les vaiffeaux conftruits en bois, perdent difficilement le mauvais goût qu'ils contractent fouvent, & qu'ils communiquent aux objets qui y féjournent, tandis que les facs, moins coûteux, font d'un fervice plus facile, & ferment mieux.

En faifant vider plufieurs facs de farine dans différentes faifons, j'ai toujours obfervé, à l'aide de thermomètres bien gradués & d'une marche égale, que la température du fond reffembloit à celle de la fuperficie, & que quand l'atmofphère étoit, par exemple, à vingt degrés de chaleur & qu'elle paffoit auffitôt à douze, les farines en groffes maffes à l'air, étoient beaucoup plus long-tems à fe mettre au niveau, que les farines en facs ifolés, & que celles-ci étoient toujours d'un & de deux degrés au-deffous de la température du grenier.

Ce n'eft donc pas fans fondement que M. Cadet de Vaux a annoncé dans fa leçon fur la confervation des farines, que le procès étoit jugé en faveur de M. Brocq, puisque le lieu de l'assemblée étoit précisément le magasin à farine de l'hôtel royal des invalides, & que les auditeurs pouvoient, en plongeant la main dans le sac, vérifier par eux mêmes les pièces de conviction dans une saison où les prôneurs de la méthode contraire, n'étoient occupés qu'à manœuvrer à grands frais leur denrée, sans être encore exempts d'inquiétudes sur la fermentation dont elle étoit menacée.

Que penser maintenant de toutes ces déclamations que le sieur César Bucquet, & son compère Beguillet ont inférées dans un gros livre, publié exprès, contre le mérite incontestable de la méthode que nous proposons ? Nous ne pouvons nous dispenser de déclarer ici que tout ce qu'ils ont avancé pour l'infirmer est absolument faux, que jamais on n'a présenté de requête à l'Académie pour suivre des expériences aux invalides sur cet objet, qu'il n'y a eu par conséquent ni commissaires de nommés, ni de procès verbaux dressés, ni de rapport rédigé, qu'il n'y a pas eu de son ni de farines gâtés, qu'en un mot l'Administration éclairée & vigilante de cette célèbre maison n'a eu en aucun temps à se plaindre d'une méthode dont elle éprouve journellement des avantages.

Les États de Languedoc, attentifs à ce qui peut contribuer à la prospérité publique, chargèrent MM. leurs Députés de prendre tous les éclaircissemens & toutes les instructions nécessaires, soit sur les résultats de la mouture économique, soit sur l'art de faire du pain. Pour répondre à la confiance des États, & seconder leurs vues patriotiques, MM. les Députés ne négligèrent rien; ils voulurent s'assurer par eux-mêmes si ce que contenoit le livre en question étoit conforme à la vérité. A cet effet, ils se transportèrent à l'hôtel des invalides, visitèrent dans le plus grand détail la boulangerie & tous les greniers, demandèrent en présence de M. le comte de Guibert, & de M. de la Ponce, qu'on vuidât par terre la farine de plusieurs sacs isolés pris au hasard dans chaque rangée : quel fut leur étonnement de trouver contre leur attente la farine aussi fraîche au fond qu'à la superficie des sacs, un jour où le thermomètre étoit à seize degrés ! Pénétrés des avantages d'une semblable méthode, ils sont sortis indignés contre l'écrit mensonger qui les avoit trompés avec une effronterie peu commune.

Cette méthode pourroit être adoptée dans les halles, dans les ports, sur les quais, & en général dans tous les ne-droits où l'on décharge les grains & les farines, soit comme dépots, soit comme approvisionnement : quand cessera-t-on de les entasser les uns sur les autres, quelquefois à plus de vingt pieds de hauteur, & plusieurs piles réunies ensemble ? Dans quels lieux & dans quel tems cette pratique est elle suivie ? sur un sol humide, lorsqu'il fait chaud, quand les grains proviennent de récoltes pluvieuses, & après leur transport dans des voitures mal couvertes. On ne nous opposera point sans doute les soins & les legers embarras que les isolemens entraîneroient : que sont de pareils obstables à côté des avantages de conserver dans toute leur beauté des matières de premier besoin, dont les pertes réunies auroient suffi pour la nourriture d'un canton, y amenent au contraire la cherté, & souvent la disette ?

Je terminerai cet article par une réflexion : en engageant les fermiers,

les fariniers & les boulangers à renoncer à la méthode qu'ils fuivent , c'eſt
qu'elle préjudicie à leurs véritables intérêts & à ceux du public , puiſqu'en
augmentant les frais & diminuant la
qualité , elle n'eſt propre qu'à hâter
l'altération des grains & des farines :
quel autre motif pourroit m'animer ?
Le moyen ſimple & peu diſpendieux
que je propoſe ne m'appartient point ,
je n'ai que le foible mérite d'en faire
connoître les réſultats.

Objections contre la Méthode des ſacs iſolés , & Réponſes.

Toutes les fois qu'une pratique la
plus ſimple & la plus utile contrarie
l'opinion reçue , & les uſages établis ,
celui qui la propoſe doit s'attendre à
rencontrer des obſtacles dès qu'il eſ-
ſayera de la rendre générale : avant
de prononcer , je demande ſeulement
qu'on examine , qu'on ait égard à l'expérience qui en juſtifie la bonté : voici
donc les objections qu'il feroit poſſible
encore de former contre une méthode
qui produit une épargne de temps , de
ſoins & de frais , employés ſouvent en
pure perte dans les moyens ordinaires.

PREMIÈRE OBJECTION.

La dépense primitive des facs & leur entretien, exigeront néceffairement des frais indifpenfables que l'on peut s'épargner par les autres méthodes de confervation.

RÉPONSE.

J'en conviens à certains égards ; mais on fera amplement dédommagé de la mife de fonds & des avances pour l'achat & l'entretien des facs , par les avantages fans nombre qui en réfulteront. Connoît - on bien d'ailleurs les pertes réelles en grains & en farines, qu'on éprouve annuellement par les autres méthodes ? Pour manœuvrer les farines , ne faut-il pas des cribles , des pelles , des balais , & autres uftenfiles qu'on eft obligé de renouveller ? Calcule-t-on les déchets & autres frais de main-d'œuvre , que la faifon , le local & la matière rendent quelquefois indifpenfables ? Diftingue-t-on parmi ces déchets ceux qui viennent de l'infidélité, & ceux au contraire qui appartiennent aux fuites de la pratique défectueufe, qui, dans l'un ou l'autre cas , font tou-

jours confidérables ? Comme il eft toujours néceffaire d'avoir un certain nombre de facs pour le tranfport au marché,
au moulin & au magafin , croit - on
qu'en les vidant, les rempliffant, & les
entaffant les uns fur les autres, on ne
les ufe pas beaucoup plus vîte qu'en
les laiffant debout & ifolés fans y toucher ?

IIe. OBJECTION.

L'emplacement pour loger les facs
ifolés, exigera une étendue de grenier
plus confidérable qu'il ne faut ordinairement pour les grains & les farines
abandonnés en couches ou en tas, à
la manière ordinaire.

RÉPONSE.

C'eft précifément le contraire, parce
que la hauteur ordinaire des couches
n'eft que d'un pied & demi à deux
pieds & demi au plus , fans compter
qu'à l'une des extrémités du magafin , on réferve une place de fix pieds,
afin de travailler les grains & les farines. Or, le fac de farine, par exemple,
contenant 325 liv., & étant un cylindre

de vingt pouces de diamètre sur trois pieds & demi environ de hauteur ; le même grenier en renfermera donc un tiers de plus au moins : d'ailleurs les couches formant toujours un talus , & ce talus exigeant encore une distance de deux pieds au moins pour aller & venir , le passage entre les sacs & le mur est beaucoup moins considérable : les isolemens n'admettant que très-peu d'intervalle , il suit que tous ces vides sont autant de corridors par lesquels l'air agité circule & rafraîchit chaque sac : aussi la farine qui s'y trouve renfermée, est-elle toujours au dessous de la température du grenier.

IIIe. O B J E C T I O N.

On a quelques exemples que des blés & des farines mis en sacs, se sont altérés comme s'ils étoient abandonnés à l'air.

R É P O N S E.

Il n'est pas douteux qu'en renfermant des grains sans être suffisamment secs, nettoyés & purgés d'insectes ; des farines humides & remplies de son ; cette denrée ne soit encore exposée davan-

tage aux accidens qu'on veut prévenir,
puisqu'alors elle seroit livrée aux animaux, qui, n'étant plus troublés par
le pelage & le criblage, la devore-
roient en repos & s'y multiplieroient;
mais en supposant encore qu'elle ne se
conserve pas infiniment mieux dans le
sac, pourra t-on disconvenir qu'elle ne
soit à l'abri des dégats des ouvriers,
des chats, & des insectes, qui tous lui
communiquent une mauvaise odeur, laquelle se conserve dans le pain qu'on
en prépare ?

On a vu des farines, même échauffées
dans les sacs empilés, ne présenter à
la vue ni au microscope aucun insecte;
tandis qu'à l'air le moindre degré de
chaleur les attire & leur donne bientôt
la faculté de s'y multiplier. Voulez-
vous en avoir la preuve ? répandez dans
un temps chaud un sac de farine sur le
plancher, dans un endroit voisin d'un
grenier où il y ait du charançon, vous
verrez ces insectes accourir en troupe
vers le tas de farine & s'en emparer;
tandis que la même farine dans un sac
bien fermé & dans le même lieu, sera
fraîche & ne contiendra pas d'animaux,
à moins qu'on ne croie, comme le vul-
gaire, qu'ils se soient engendrés dans

le grain lui - même , & à pareille cré-
dulité je n'ai aucune réponse à faire.

IVe. OBJECTION.

Le grain le plus net , la farine la
mieux faite, ne sont pas encore à l'abri
des insectes , quoique renfermés dans
les sacs.

RÉPONSE.

S'il est arrivé qu'on en ait rencontré ,
c'est que les sacs contenoient déja des
insectes , qu'ils fermoient mal , ou que
la toile en étoit trop claire : car on ne
doit pas présumer que les insectes puissent pénétrer par d'autres ouvertures ,
que par celles qu'ils auroient pratiquées.
Or, dans un magasin bien entretenu , leur
nombre sera considérablement diminué ;
d'ailleurs, ils auront moins d'attraits ,
ne seront plus alléchés par l'odeur des
farines , qui , une fois renfermées &
dans un état frais , n'en exhalent point
ou fort peu. Le plus grand mal qui pourroit survenir seroit donc qu'elles s'é-
chauffassent dans les sacs isolés. Que
produiroient alors les insectes attirés ?
ils seroient réduits à en lécher la super-

ficie : or , en broſſant , ſecouant & ba-
layant tout autour , on préviendroit les
ſuites qu'il ſeroit poſſible de redouter s'ils
continuoient d'y reſter.

Vᵉ. Objection.

Quelque ſerré que ſoit le treillis des
ſacs , il n'empêchera point la pouſſière
de pénétrer : car il eſt prouvé que le
grain le plus propre qu'on y renferme,
a toujours beſoin d'être criblé.

RÉPONSE.

Je ſais que du grain le plus parfaitement nettoyé , il ſe détache toujours,
à meſure qu'il ſèche , une pouſſière qui
demande à être ſéparée par le crible :
auſſi ne ſaurions-nous trop recommander
aux meuniers de nos provinces qui mou-
lent à la groſſe , d'imiter leurs confrères
qui pratiquent la mouture économique,
d'avoir toujours au deſſus de la tremie
un crible , non-ſeulement pour enlever
cette pouſſière , mais encore pour ra-
fraîchir le grain , diſſiper l'odeur qu'il
auroit pu contracter , & le mettre en
état , en ſubiſſant l'action des meules,
de prendre le moins de chaleur poſſible ;

mais la poussière du dehors pénétrera difficilement dans les sacs, sur tout lorsqu'on aura l'attention de les brosser de temps en temps.

VIe. Objection.

En supposant que la toile des sacs ne permette ni aux insectes ni à la poussière de pénétrer, elle ne pourra jamais empêcher l'humidité de l'air de s'introduire : Or, ces petits tas de farine en sacs isolés, en présentant plus de surfaces, deviendront plus susceptibles d'attirer cette humidité.

RÉPONSE.

Quand cette objection seroit vraie dans tous ses points, il faudroit convenir aussi que, dans la circonstance, où l'air ne seroit pas chargé d'humidité, la farine se sécheroit plus aisément. Dans les grandes masses, il n'y a que la partie supérieure qui puisse sécher ou s'humecter, les couches inférieures transpirent très-difficilement. On ne voit pas au milieu du tas ce qui s'y passe ; c'est comme dans les sacs empilés, on ne peut en visiter que les bords ; il est vrai

qu'on a le moyen de multiplier les surfaces par le mouvement que l'on imprime
à la farine , en la remuant & la faisant
changer de place ; mais dans quel tems
cette opération a-t-elle lieu , le plus
souvent quand il fait humide & chaud ,
alors la farine acquière d'autant plus
de poids : d'ailleurs , il est de fait que
les corps s'échauffent & fermentent à
raison de leur masse , & qu'en abandonnant les grains & les farines à l'air , ils
sont en outre exposés à toutes les intem-
péries & aux ennemis destructeurs.

VIIe. OBJECTION.

Les farines amoncelées en grosses
masses , se perfectionnent d'une manière
plus prompte & plus avantageuse que
divisées en petits tas.

RÉPONSE.

Les corps solides lorsqu'ils se trouvent
aussi atténués qu'est la farine , peuvent
être comparés en quelque sorte aux
fluides , qui réunis plusieurs ensemble
de la même espèce , mais de qualité
différente , s'assimilent & se pectionnent
d'autant plus promptement , qu'ils sont

en très-grande quantité ; mais il n'en
eſt pas alors de la farine. Ce n'eſt
qu'au moment qu'on la met dans le
pétrin & qu'on l'aſſocie avec l'eau ,
que les mélanges qu'on en a faits ſe
pénètrent , ſe combinent , & s'iden-
tifient au point de ne plus former inſenſiblement qu'une ſubſtance tout-à-fait
homogène : toutes les parties alors ſont
dans une ſorte de fluidité ; les farines revêches & dures prêtent leur ſe-
cours aux farines tendres & molles ; les
farines d'un blé nouveau réchauffent
celles d'un blé vieux.

Mais l'expérience démontre que le
temps & le local qui concourent à l'a-
mélioration des farines , n'influent pas
davantage ſur les grandes que ſur les
petites maſſes , puiſqu'enfin cette amé-
lioration dépend entièrement de l'évaporation inſenſible d'une portion de
l'humidité ſurabondante , & de la réac-
tion de l'autre ſur les principes ; opération qui a lieu dans les ſacs d'une
manière auſſi avantageuſe pour le moins ,
que dans les farines en maſſe.

VIIIe Objection.

On abandonnant la farine un certain

temps à l'air , elle acquiert plus de
corps, abforbe plus d'eau au pétriffage ,
& rend le pain plus blanc & plus
favoureux.

RÉPONSE.

Il eft aifé de fentir que cette objection n'eft abfolument fondée que fur
l'opinion très-avantageufe que l'on a des
effets de l'air fur les farines, & de l'habitude dans laquelle on eft depuis long-
temps de croire qu'il n'y a pas de meilleur moyen que de les conferver en couches : car, jamais on ne s'eft avifé de
tenter queques expériences de compa-
raifon, pour établir la nature & la quantité de réfultats obtenus d'après telle ou
telle méthode.

Dans les grandes maifons on fait en
avance un mélange de farine pour fournir à la confommmation , pendant la
femaine , la quinzaine ou le mois : ce
mélange eft ordinairement répandu en
tas au deffus du pétrin où il parvient au
moyen d'un tuyau de toile. J'ai fouvent
demandé aux garçons boulangers fi le
travail de la pâte, fi le goût du pain va-
rioient de la première quinzaine à la
dernière ; toujours ils m'ont répondu

qu'ils ne remarquoient aucune différence pendant tout le tems que duroit
le mélange.

Sans invoquer le témoignage d'autres
faits, ils ne faut que réfléchir pour juger qu'une substance renfermée, doit
mieux conserver ses parties savoureuses,
sur-tout quand on sait que ces parties
savoureuses dépendent d'un infiniment
petit, & que durant un mouvement al-
ternatif de pelage & de criblage, elles
doivent se détruire & se volatiliser en
partie : d'ailleurs, il est prouvé que la
moitié de la farine qui se consomme
daus le Royaume, n'est jamais sortie
du sac dans lequel le Meûnier ou le
Boulanger l'a renfermée, & que les
minots qui demeurent toujours dans les
barrils où ils ont été transportés, font
dans nos Colonies du pain bon & très-
savoureux.

IXe. Objection.

Il est nécessaire de mettre les farines
à l'air après la mouture, pour leur
faire perdre la chaleur, l'odeur & l'humidité qu'elles ont acquises sous les
meules.

RÉPONSE.

Cette précaution est absolument inutile, puisque l'expérience prouve que quand malheureusement les farines sortent brûlantes du moulin, elles se refroidissent parfaitement dans les sacs, & se rapprocher insensiblement de la température du grenier où elles étoient déposées, sans rien conserver de l'odeur & de l'humidité qu'elles avoient au sortir des blutaux ; mais il ne faut pas croire que jamais les meules puissent communiquer d'humidité aux farines, elles développent seulement en broyant les grains, celle qu'ils contiennent : cette humidité ne tarde pas non plus à disparoître, moins par évaporation que par réabsortion, elles ramollissent leurs autres principes, ce qui fait qu'au sortir de l'anche, elles ont un toucher gras & humide, qu'elles perdent en refroidissant, & qu'elles n'ont plus ; ainsi, quand on répand la farine sur le plancher ou le carreau du magasin, dans la vue de la refroidir, elle n'a plus déja que la chaleur de l'air au milieu duquel elle se trouve : puisqu'avant qu'elle ne soit transportée chez celui à qui elle appartient, il y a quelquefois quatre à cinq jours qu'elle a été moulue & blutée, alors sa température est absolument la même que celle de l'air, au milieu duquel on la répand sur le plancher ou le carreau du magasin.

Dans quel tems seroit-il donc possible de faire perdre promptement l'humidité surabondante des grains & des farines sans courir aucun risque, en les abandonnant à l'air ? Ce seroit particulièrement en hiver, & lorsqu'il fait très-froid, parce qu'étant étendus sur le plancher en couches minces, il n'y auroit rien à craindre de la part des insectes, auxquels il faut nécessairement un certain degré de chaleur, soit pour éclore, soit pour exercer leurs ravages.

Des effets des meules sur les Farines.

Les effets de la chaleur du feu sur les farines étant connus, il s'agit de savoir si celle que leur communique l'action des meules les altère également ; c'est pour acquérir cette connoissance que j'ai tenté quelques expériences dont je vais encore rendre compte.

Ire. EXPÉRIENCE.

J'ai plongé un thermomètre dans une farine au sortir des meules, dans un moulin à eau bien monté ; la chaleur a été de dix degrés au dessus de celle du local, qui étoit ce jour-là de douze degrés.

IIe. EXPÉRIENCE.

La même farine examinée à la huche, n'a plus présenté au thermomètre que huit degrés.

IIIe. EXPÉRIENCE.

La farine, dite de blé, séparée par le dodinage, à fait monter le thermomètre à cinq degrés.

IVe. EXPÉRIENCE.

Le son gras, c'est-à-dire, les gruaux confondus avec les sons, examiné à l'extrémité du bluteau, n'avoit que quatre degrés de chaleur.

Ve. ERPÉRIENCE.

La farine dont la chaleur eſt de dix degrés à l'anche, de huit à la huche, & qui n'en garde que la moitié environ après la bluterie, ayant été renfermée auſſitôt dans le ſac, & examinée douze heures après la mouture, n'a plus fait monter le thermomètre que de deux degrés.

VIe EXPÉRIENCE.

Une farine moulue à la groſſe dans le même moulin, reçue dans le ſac au ſortir de l'anche, renfermée & tranſportée auſſitôt chez le boulanger, n'avoit plus trente - ſix heures après la mouture que la température du local dont la chaleur étoit ce jour-là de quatorze degrés.

VIIe. EXPÉRIENCE.

La farine d'un blé ſec examinée à l'anche, & moulue dans le moulin à eau du ſieur Buot, qui réunit à une extrême probité, une très-grande intelligence, n'a fait monter le thermomètre qu'à fix degrès, elle étoit froide après la bluterie, au point qu'elle n'avoit plus que la température de l'atmofphére qui étoit de quinze degrés.

VIIIe. EXPÉRIENCE.

La farine du même grain, moulu dans un moulin à bateau, réputé pour un des plus forts de ceux fitués fur la Seine, à acquis fous les meules une chaleur telle, que quinze heures après la mouture, & tranfportée dans les magafins de l'hôtel royal des invalides, elle avoit encore à fon arrivée vingt-neuf degrés de chaleur, c'eft-à-dire, quatorze au deffus de celle de l'atmofphère; cette farine pour fe refroidir entièrement dans les facs ifolés employa quatre jours, & fix, au contraire dans les facs pofés les uns fur les autres.

IXe. EXPÉRIENCE.

J'ai examiné en différens temps & dans beaucoup de moulins à eau & à vent, la farine à l'anche, & j'ai conftamment obfervé que quand le blé étoit fec, les meules bien montées, & le moteur tempéré, la chaleur alloit à dix degrés au plus, & que cette chaleur se perdoit d'autant plus vîte qu'elle étoit moins considérable, & qu'il faisoit plus froid.

Xᵉ. EXPÉRIENCE.

Après m'être bien convaincu que la chaleur communiquée aux farines par l'action des meules se perdoit assez promptement dans les sacs isolés, il me restoit à en connoître les effets ; en conséquence, j'ai pris la farine du même grain, au sortir de la huche, l'un moulu chez le sieur Buot, & 'qui étoit froide, & l'autre moulu dans le moulin à bateau, & encore brulante quinze heures après la mouture : ces farines soumises à l'examen des yeux & du toucher, il a été décidé par des connoisseurs non préoccupés, que la première étoit plus claire, plus blanche, plus allongée que la seconde, & valoit un écu de plus par sac.

XIₑ. EXPÉRIENCE.

Les mêmes farines ayant été mises en pâte, j'en ai retiré la substance glutineuse ; celle qui étoit sortie froide des meules en a fourni quatre onces par livre, l'autre qui a été violemment échauffée n'en a donné que trois onces, encore étoit elle moins blanche que la première.

XIIe. EXPÉRIENCE.

Ces farines traitées en boulangerie ont présenté des différences assez sensibles, pour faire croire que les résultats appartenoient à deux qualités de grains; le pain de farine provenant d'une mouture basse étoit bis, & avoit infiniment moins de goût que celui de la farine de la mouture légére.

XIIIe. EXPÉRIENCE.

Pour connoître l'altération successive que pouvoit éprouver le grain dans les moulins économiques, depuis la première jusqu'à la dernière mouture, j'ai moulu dans un moulin à café, une livre de blé sec; & la farine grossière qui en est provenue, examinée avec le thermomètre, l'a fait monter de quatre degrés.

XIVᵉ. EXPÉRIENCE.

J'ai retiré de cette farine grossière la substance glutineuse qu'elle contenoit, & l'ayant comparée à celle d'une farine obtenue du même grain & moulu chez le sieur Egret, un de nos plus habiles meuniers, & qui avoit marqué huit degrés à l'anche, j'ai remarqué que la première en avoit donné trois onces, tandis que la seconde n'en a fourni que deux onces & demie.

XVᵉ. EXPÉRIENCE.

Une livre de gruau blanc pris dans la tremie, & la même quantité dans la huche, l'un m'a donné quatre onces & demie de matière glutineuse, je n'en ai retiré du gruau moulu que quatre onces.

VXIᵉ. EXPÉRIENCE.

La même expérience répetée sur les gruaux gris, moulus & non moulus, a offert des résultats semblables, c'est-à-dire, que la matière glutineuse s'est trouvée plus abondante dans les gruaux
qui

qui n'avoit pas passé autant sous les meules.

XVIIe. EXPÉRIENCE.

J'ai comparé souvent les farines entre elles dans des moulins qui échauffoient le plus, & la quantité de substance glutineuse a toujours diminué en raison du nombre de fois que les farines passoient sous les meules, & que celles-ci produisoient davantage de chaleur.

Observations concernant les effets des meules sur les Farines.

La chaleur que le poids énorme des meules & leur rotation font contracter aux farines, dépend de la nature du grain, comme de la manière dont le moulin est monté, conduit, rhabillé & mû ; cette chaleur est d'autant plus considérable, que les blés sont plus humides & plus tendres, que le courant d'eau ou de vent est plus rapide ; mais comme elle se trouve réduite à moitié dès que les farines sont séparées du son, & qu'elle est à peine sensible quarante-huit heures après la mouture, on doit préfumer qu'en féjournant au moins tout ce temps au moulin avant d'être tranfportée au marché ou chez le propriétaire, la précaution tant recommandée de repandre les farines fur le carreau ou le plancher du magafin, pour qu'elles fe refroidiffent : n'eft ni fage, ni utile, ni néceffaire, eft-ce en été, l'air trop chaud eft incapable de les tiédir promptement ; en hiver il n'y a rien à craindre quand elles garderoient long-temps leur chaleur ; enfin, s'il règne de l'humidité, c'eft le moyen de leur faire acquérir une augmentation de poids toujours préjudiciable à la confervation.

Mais le refroidiffement le plus prompt dans les facs ifolés ne remédie pas non plus aux effets malheureux d'une farine trop échauffée fous les meules, parce que même gardée fuivant les bons principes, elle fera toujours d'un mauvais travail au pétrin, & le pain ne préfentera jamais les avantages du blé d'où il réfulte.

Le blé & fes produits ne fauroient donc paffer fous les meules fans éprouver une chaleur qui influe d'une manière plus ou moins fenfible fur leurs principes ; ce qui prouve combien on doit être en garde contre les forts moulins, contre les meûniers qui ne sont occupés que de la quantité de grains qu'ils expédient, sans considération pour la qualité. Il seroit même à desirer que dans la mouture économique , au lieu de chercher à augmenter le nombre des moutures, on pût le restreindre : car il est aussi désavantageux de ne moudre qu'une seule fois, que de trop multiplier les remoutures.

Dans les moulins ordinaires , le meûnier qui retire le plus de gruaux est très-certainement celui qui échauffe le moins les farines, parce qu'il fait ce qu'on nomme en meûnerie une *mouture ronde & legère* ; tandis que celui qui produit le moins de gruau, c'est-à-dire, qui les divise dès le premier broiement, est obligé de serrer davantage les meules, de réagir sur la farine dite de blé déja faite dans le grain, & que la première mouture ne fait que séparer des gruaux : cette observation fondée sur l'expérience, ne doit pas échapper à ceux qui sont occupés de la perfection de l'art de moudre ; peut-être en changeant la manière de rhabiller & de monter les meules, parviendra-t-on à retirer plus de farine à la première mouture , fans produire davantage de chaleur , fans que ce foit aux dépens de la qualité : c'eft ce que le temps nous apprendra. Je fais que M. Drancy, connu déja fi avantageufement du public, s'occupe de cet objet important , & on a droit d'attendre de fes recherches quelques découvertes heureufes ; mais je reviens à mes obfervations.

Il eft donc de la dernière conféquence en meûnerie , que la chaleur communiquée aux farines par les meules n'excède pas dix degrés , dans la crainte que les principes ne foient altérés , & fur-tout la matière glutineufe qui éprouve à chaque mouture un commencement de décompofition ; enfin , que la farine ne foit pas ce qu'on nomme *brûlée* : or , dès qu'une farine examinée à l'anche fe trouve avoir une chaleur au-delà de dix degrés , le moulin va trop vîte , il expédie trop de grains , il faut alléger les meules , leur donner la quantité de blé relative à leur force & diminuer le moteur , fans quoi le meûnier mérite les reproches les mieux fondés , parce qu'on doit toujours fuppofer qu'une farine qui a ce degré de chaleur à l'anche , en avoit davantage fous les

meules & avant que le thermomètre ait
déterminé fa température : car la farine,
en qualité de poudre blanche, eft un
très-mauvais conducteur de la chaleur ;
elle la perd affez promptement, fur-
tout quand elle eft divifée en petites
maffes.

Si les dix degrés de chaleur qu'ont
les farines font déja capables d'altérer
leurs principes, que l'on juge maintenant de ce qui doit arriver dans nos
provinces, ou pour broyer en une feule
fois la totalité du grain, on fait ufage de
toute l'impétuofité du moteur, plutôt
que d'en tempérer la violence ; on ferre
les meules qui, déja défectueufes par
elles-mêmes, tournent fi rapidement
qu'elles parcourent leur cercle plus de
cent fois par minute, & occafionnent
une chaleur telle, qu'à peine la main
peut la fupporter : comment enfuite le
Boulanger le plus éclairé, peut-il par-
venir à faire du pain de bonne qualité,
lorfqu'à cet inconvénient il s'en joint
un autre, celui d'une taxe trop baffe
qui oblige à acheter des grains de médiocre qualité, & à faire rapprocher
encore davantage les meules pour mor-
dre plus près, & introduire du fon divifé dans la farine ? Que ne fera-ce

donc pas encore si aux montures vicieuses se réunit une mauvaise manutention? Faut-il s'étonner si avec le meilleur bled on ne fait dans plusieurs endroits du Royaume que du pain médiocre & fort cher?

Il est aisé maintenant de juger le cas qu'il faut faire de cette foule de raisonnemens contraires à ce que l'expérience nous apprend : l'erreur vient toujours de ce qu'on n'a pas assez distingué la chaleur que le mouvement des meules communique aux farines, de celle que la fermentation y établit ; la première est pour ainsi dire étrangère à la matière ; elle n'existe qu'à la superficie, & se dissipe en très-peu de tems, quels que soient les soins ; il n'en est pas de même de la seconde, la farine alors quitte son état d'inertie pour passer à une nouvelle manière d'être ; ses parties sont dans une sorte de mouvement, & la chaleur qui en est la suite, ne fait qu'augmenter, si on n'a pas l'attention de répandre la farine sur le plancher, & de la ventiller au moyen de la pelle & du crible ; mais cette opération sera rarement nécessaire en suivant le moyen indiqué, & lorsqu'on entretiendra dans le grenier assez de sécheresse & de fraîcheur pour s'en dispenser.

Si, comme l'expérience le prouve journellement, les grains & les farines qui n'ont que quinze à feize degrés de chaleur, ne s'échauffent ni ne fermentent, ne feroit-il pas poffible d'entretenir conftamment ce degré dans les plus vives chaleurs, enforte que durant les quatre mois qu'elles règnent affez ordinairement dans ces climats, on puiffe rapprocher la farine la plus brûlante de celle qui eft la plus tempérée? M. Brocq fe propofe de tenter quelques effais avec les foufflets dont s'eft déja fervi M. Duhamel, pour la confervation des grains enfermés dans une tonne : s'il parvient à les appliquer avec le même fuccès aux greniers, il aura refolu le problême dans toute fon étendue, & ce fera un nouveau fervice que lui devra cette partie intéreffante de l'économie.

Du Grenier.

En obfervant que ce ne font pas les grains qui manquent dans le Royaume, mais les greniers propres à les ferrer, & les moyens efficaces pour en affurer la confervation pendant un certain tems, fans préjudicier à leur qualité fpécifique ; on a droit d'être furpris que les anciens

qui se font tant signalés à l'égard de la
construction des greniers publics, n'aient
pas transmis à la postérité ces mêmes
vues de sagesse & d'utilité générale ;
eux sur-tout qui étoient bien éloignés
d'avoir sur les propriétés des corps, des
notions aussi claires & aussi exactes que
celles que nous possédons aujourd'hui.
Aussi qu'arrive-t-il ? c'est que les bleds
récoltés dans le meilleur état, se détériorent insensiblement en coûtant du
tems, des soins & des dépenses en pure
perte. J'ai beaucoup vu de greniers ;
j'avoue en même tems n'en avoir pas
rencontré un seul qui semble avoir été
destiné pour remplir cet objet, parce
que, en construisant un édifice, on a toujours cru que le grenier devoit être le
faîte du bâtiment, sans trop songer à la
nature de la denrée qu'on devoit y déposer. Je vais m'y arrêter un moment,
au cas que par la suite on soit tenté de
former de grands établissemens de grenier.

De la construction du Grenier.

Les greniers ordinaires sont des espèces de galeries au-dessous de la toi-
ture, avec des fenêtres & des portes

mal diſtribuées & trop grandes ; en-
ſorte que pendant l'été il y règne une
chaleur étouffante , les inſectes ſe multiplient de toutes parts , & comme
le comble leur ſert de retraite , il eſt
extrêmement difficile de les détruire
entièrement.

Si l'on étoit déterminé de conſtruire
exprès un magaſin à bled & à farine , il
ſeroit d'abord néceſſaire que le ſol ſur
lequel ſeroit élevé le bâtiment ne ſût
pas humide , & que la charpente fût de
bois coupé dans la bonne ſaiſon , parce
que celui qui eſt trop verd eſt ſujet à
produire des inſectes qui s'attachent aux
poteaux , & ſe communiquent enſuite
au grenier ; la charpente vieille a le
même inconvénient.

Il faudroit encore que le toit fût revêtu intérieurement de paillaſſons , afin
d'empêcher l'air chaud & humide de
pénétrer à travers ; qu'il fût plafonné ;
que les murs n'euſſent aucune crevaſſe ,
aucune fente capable de receler les inſectes , & de favoriſer leur ponte ; il eſt
bon ſur-tout qu'il n'y ait pas ſous le grenier d'écuries , d'étables , aucunes matières végétales ou animales en putré-
faction.

Le grenier devroit , ſelon le précepte

D v

de *Columelle*, être garni de fenêtres petites, & très-multipliées du côté du Nord, parce que cet aspect est froid & sec; il suffiroit seulement qu'il y eût aux deux extrémités opposées, une ouverture qui produiroit l'effet du ventilateur: on adapteroit aux fenêtres une double croisée, dont l'une en châssis seroit extérieure, & l'autre en vitrage revêtu de coutil, qu'on ouvriroit & fermeroit alternativement selon le tems & les opérations du grenier.

On devroit préférer de planchéyer le magasin, parce que le carreau se dégrade aisément, & revient à la longue plus cher que le bois: ménager entre le plancher & le sol un intervalle pour établir sous les sacs de petites trappes qu'on ouvriroit d'espace en espace, ce qui isoleroit de toutes parts les sacs, & produiroit en même tems que les ventouses un courant d'air frais, & empêcheroit qu'en aucun tems on ne fût obligé d'ouvrir & de déplacer les sacs.

Entretien du Grenier.

Si l'emplacement & la bonne construction des endroits où l'on met en dépôt ses provisions influent sur la durée de leur garde , on ne peut non plus fe difpenfer de convenir que les foins qu'on apporte à la bonne tenue du magafin , n'ajouteroit encore aux effets des autres moyens qu'on y emploie ordinairement.

Il faudroit avec des balais nettoyer de tems en tems les murs , afin d'enlever la pouffière qui y adhere , ainfi que les papillons qui ont befoin pour s'accoupler d'être fixés & en repos ; broffer fouvent les facs , & ne laiffer fur le plancher aucunes ordures qui puiffent exhaler de l'odeur ; enfin il faudroit intercepter les rayons du foleil dans les tems chauds , & produire dans le grenier la plus grande obfcurité.

Un grenier fitué , conftruit & entretenu fuivant ces principes , feroit propre , non-feulement à la confervation des grains , mais encore à celle des farines qui ne fe détériorent fouvent que par l'influence du local , ce qui donneroit à la méthode que nous avons propofée, les avantages qu'il eft poffible de défirer : terminons ce Mémoire par les expofer.

Des avantages de la Méthode des sacs isolés.

Cette méthode de conserver les grains & les farines, réunit plusieurs avantages que je crois devoir présenter ici sous le point de vue le plus rapproché, afin qu'on puisse les comparer aux inconvéniens des autres pratiques usitées, & dont il a été fait mention.

1. *Avantage.*

On peut placer dans le même endroit les grains, ainsi que les farines de différentes qualités, provenant de deux récoltes, sans confusion ni mélange.

2. *Avantage.*

Un seul grenier, quelle que soit sa construction, suffit pour serrer le blé & la farine.

3. *Avantage.*

Les fermiers seront à portée de conserver les produits de leur moisson d'une année à l'autre, sans danger, sans frais, fans quitter leur champ, un jour favorable aux labours, aux enfemencemens, à la récolte; en un mot, fans qu'il foit néceffaire d'employer un auffi grand emplacement.

4. *Avantage.*

Les particuliers étroitement logés, auront la faculté de conferver, à peu de frais, leur provifion dans tous les endroits de la maifon, fans courir aucuns rifques de la part du local.

5. *Avantage.*

Il eft poffible d'entrer à chaque inftant dans le grenier, fans que l'action d'y marcher gâte les grains & les farines.

6. *Avantage.*

On a la facilité de vifiter quand l'on veut les facs, de les examiner, de les déplacer & de les remuer, fans occafionner de déchet.

7. *Avantage.*

Toutes les réparations que le grenier

exige peuvent se faire, sans être obligé
d'en retirer les grains & les farines,
sans que ceux-ci en souffrent.

8. *Avantage.*

On peut ouvrir ou fermer le grenier,
le nettoyer, sans craindre d'introduire
dans les farines des ordures & de l'humidité, qui en accélèrent le dépérisse-
ment.

9. *Avantage.*

Les grains biens secs & parfaitement
nettoyés, la farine douée de toutes ses
propriétés, ne demandent plus ni soins
ni dépenses; elles n'éprouvent aucun
déchet; enfin, on peut presque les ou-
blier.

10. *Avantage.*

Le blé une fois bien criblé & parfaitement net, ne se charge plus d'aucune
poussière : on peut l'envoyer au marché
ou au moulin, sans aucune nouvelle opération préalable.

11. *Avantage.*

Les farines étant marquées & numé-
rotées, on voit tout d'un coup le grain

d'où elles proviennent, le pays & l'année de fa récolte, le nom du marchand
qui les a vendues, la date de la mouture
& l'achat.

12. *Avantage.*

Si les rats & les fouris percent un
fac, ils ne pourront s'y retrancher long-
temps fans être apperçus; s'ils parvien-
nent à établir leur domicile dans le grenier, les chats leur feront la chaffe avec
plus de facilité : on pourra d'ailleurs fe
fervir pour les exterminer, de tous les
moyens connus, fans aucun danger pour
la denrée.

13. *Avantage.*

Ces animaux ne pourront plus dépofer
leurs fécrétions dans les grains & les
farines, ni leur communiquer cette
odeur & ce goût défagréable, qu'il eft
fouvent très-difficile d'anéantir entièrement.

14. *Avantage.*

Toutes ces ordures qui tombent du
plancher & qui faliffent la fuperficie du
tas de farine, fe dépoferont fur les facs

qu'il suffira de brosser de temps en temps.

15. *Avantage.*

L'énorme déchet occasionné dans les grains & les farines, soit par les insectes, soit par la fermentation, soit par le remuage ; tous les accidens qui en diminuent la qualité & le prix, seront anéantis par ce moyen.

16. *Avantage.*

Les grains & les farines renfermés ne repandront plus au loin une odeur qui allèche les insectes ; cette odeur qu'on peut comparer à l'esprit recteur, sera autant de gagné pour la saveur agréable du pain.

17. *Avantage.*

En supposant qu'il soit possible aux papillons qui voltigent en automne au déclin du jour, aux fenêtres du grenier, d'y pénétrer, ils ne pourront pas déposer leur postérité dans le grain & dans la farine.

18. *Avantage.*

Un grain gâté peut agir à la manière des levains, jeter la corruption dans des maffes où il eft difficile d'arrêter fes effets, tandis que dans ce cas, il n'y auroit qu'un fac à féparer & à travailler.

19. *Avantage.*

Si un fac placé au fond d'un bateau, ou refté un certain temps près du mur, a déjà contracté une difpofition à s'échauffer & à fermenter, pour y remédier, on peut l'éloigner des autres facs, le remplacer ou l'employer, fans que la totalité puiffe en recevoir de dommage.

20. *Avantage.*

Le nombre des facs pouvant fe compter par rangées, & le vide qu'un feul occafionneroit devenant très-fenfible, on s'appercevroit à l'inftant du tort qui fe feroit au grenier.

21. *Avantage.*

Comme il eft inconteftablement dé-

montré que les farines se bonifient à
la longue, on pourroit en avoir en
avance au dessus de la consommation,
sans courir aucuns risques.

22. *Avantage.*

On pourra profiter du temps favorable aux moutures, faire des amas de
farines, & se précautionner, sur-tout
contre ces disettes instantanées que fait
naître au sein même de l'abondance
le chommage des moulins.

23. *Avantage.*

Dans un jour chaud & orageux, il
ne sera pas nécessaire de vider un sac
pour s'assurer si la farine du milieu &
du fond est aussi fraîche que celle de la
superficie ; on saura bientôt, à la faveur
d'une sonde, ce qui s'y passe.

24. *Avantage.*

S'il est nécessaire de déplacer les sacs,
de les remuer sens dessus dessous, ce qui
n'arrivera que fort rarement, cette opération ne sera pas aussi préjudiciable à
la santé des ouvriers, comme celle du

remuage à l'air libre, qui fait avaler par les voies de la trachée & de la déglutition, une poussière ténue, sèche & absorbante.

25. *Avantage.*

Quand il s'agira de faire des mélanges de farine provenant de blé nouveau ou vieux, de blé sec ou humide, de blé revêche ou tendre, il suffira de déterminer la quantité de sacs à vider.

26. *Avantage.*

On peut en un clin d'œil vérifier l'état du magasin, & se rendre compte à volonté de la recette, de la consommation & de ce qui reste au bout du mois, du quartier ou de l'année.

27. *Avantage.*

Les grains & les farines se trouvant en petites masses, ils ne peuvent jamais se nuire par leurs qualités différentes : les sacs isolés doivent être considérés comme autant de petits greniers renfermés dans un grand.

28. *Avantage.*

Ceux qui auront la direction des magasins, n'auront plus de prétexte pour compter des frais d'entretien , & de déchets qui vont souvent à deux pour cent.

29. *Avantage.*

La méthode dont il s'agit, peut être adoptée dans tous les climats, dans tous les pays , & par les citoyens de tous les ordres.

30. *Avantage.*

Enfin , c'est le seul moyen de mettre en réserve , & sans frais , le superflu des bonnes années pour subvenir aux besoins pressans que les mauvaises occasionnent.

RÉSUMÉ.

Il résulte de tout ce qui a été exposé dans ce Mémoire :

1°. Que les différentes méthodes de conserver les grains & les farines en couches, en tas, en rame ou en facs empilés, font toutes plus ou moins défectueufes, puifqu'en même tems qu'elles donnent lieu à des abus, à des déchets, & à des frais confidérables, elles détériorent encore la denrée ; tous objets qui augmentent par conféquent fon prix.

2°. Que la chaleur ordinaire de l'étuve nuit toujours à la qualité des bons bleds, qu'elle ne fauroit détruire la totalité des animaux qu'ils peuvent contenir, ni les mettre à l'abri pour toujours des effets de la fermentation, de l'humidité & de la voracité des infectes.

3°. Qu'il ne faut employer le feu, comme agent confervateur des bleds & des farines, que quand la faifon n'a pas été favorable aux récoltes, que l'humi-

dité a pénétré dans l'intérieur des grains,
qu'il en a affoibli la constitution naturelle au point que, devenus gras &
mous, on ne pourroit sans ce secours
prévenir la germination qui en est la
suite inévitable, les conserver long-
tems en bon état, les moudre avec
profit, & obtenir des résultats satisfai-
sans en pain.

4°. Que s'il y a des circonstances où
l'application du feu aux grains soit quelquefois indispensable, il n'en existe aucunes qui la rendent nécessaire pour les
farines, à moins que n'ayant pu se procurer de bleds secs, ou les étuver avant
de les moudre, on ne soit forcé d'a-
cheter des farines provenant des grains
humides ; & que pour les conserver au
magasin ou les transporter au loin, il
ne faille les soumettre préalablement,
soit à l'étuve, soit au dessus du four, à
l'action d'une chaleur graduée.

5°. Que la meûnerie est une opération
extrêmement essentielle à la boulangerie, qu'elle concourt pour beaucoup
à la perfection du pain ; que dans un
moulin qui ira extrêmement vîte, & dans
celui qui sera moins fort, le même Meûnier obtiendra du même grain deux qualités de farines si opposées entre elles,

qu'effayées par tous les moyens connus,
l'une vaudra par fac un écu de plus que
l'autre, dont le prix & la qualité ne feront jamais en relation avec les bleds
d'où ils proviennent.

6°. Qu'un moulin qui ne moudra par
heure qu'un fetier de 240 de bled mefure de Paris, à la groffe, dont les
meules d'environ fix pieds de diamètre
feront 50 à 60 tours par minute, & n'é-
chaufferont la farine que de dix degrés
au plus au-deffus de la température; que
ce moulin, dis-je, doit être préféré à
celui qui feroit le double d'ouvrage,
& d'où les farines fortiront brûlantes.

7°. Que la très-vive chaleur communiquée aux farines par l'action des meules, altère la couleur des farines, leur
ôte du corps & produit les mêmes effets
que celle qui réfulte de l'étuve, de la
fermentation ou du Boulanger, par
l'emploi de l'eau chaude pour pétrir,
puifque dans tous ces cas, une portion
de la fubftance glutineufe fi effentielle
à la panification, fe trouve détruite.

8°. Qu'en répandant fur le plancher
du magafin les farines, immédiatement
après la mouture, pour leur faire perdre
promptement la chaleur qu'elles ont
acquife fous les meules, on ne vient

pas à bout de remédier aux effets que cette chaleur a d'abord occasionnés ; & qu'en les laissant toujours dans le sac, elles s'y refroidissent également bien en courant moins de risques.

9°. Que l'emplacement, la bonne construction & l'entretien des endroits où l'on serre ses provisions, influent sur la durée de leur garde, & qu'il est possible d'établir artificiellement dans le magasin de grains & de farines, un degré de froid qui rapproche la saison la plus brûlante de celle qui est la plus tempérée.

10°. Qu'enfin, le seul moyen de conserver les grains & les farines dans toute leur bonté, c'est de les renfermer exactement dans des sacs isolés, & de les garder ainsi jusqu'au moment de les moudre & de les convertir en pain. Depuis que ce moyen est adopté, on n'a pas vu revenir sur leurs pas ceux que l'expérience a éclairés sur l'économie & la commodité d'une semblable méthode.

Jouissons donc de tous les avantages de nos grains, en les nettoyant & en les criblant à plusieurs reprises, en les renfermant sur le champ dans des sacs exactement fermés, & ne les en sortant

que

que pour les cribler au-deſſus de la tré-
mie du moulin, & les moudre par une
mouture ronde & économique, en
mettant les farines telles qu'elles for-
tent des bluteaux dans des ſacs, en les
conſervant ainſi juſqu'au moment de les
convertir en pain : ces moyens ſimples
ſont ceux de la nature ; ils ſont con-
formes à la raiſon, à l'expérience, & à
l'économie ; ils n'entraînent ni inquiétudes, ni ſoins, ni dépenſes, prévien-
nent toutes les craintes du Marchand &
du Conſommateur, & favoriſent le
commerce des farines, l'objet de tous
les vœux des bons citoyens, commerce
ſi néceſſaire pour le bien public, puiſqu'il augmente la valeur de la denrée, ſans renchérir la nourriture du
peuple.

Je l'ai dit, & je le répète en termi-
nant : le commerce des farines offre
une nouvelle ſource de richeſſe à la
France, en laiſſant dans l'intérieur de
chaque province, le produit de la
main-d'œuvre, les farines biſes pour
la nourriture du pauvre, & des iſſues
pour engraiſſer les beſtiaux : il mettra
les Magiſtrats à portée d'aſſeoir la taxe
du pain, toujours en proportion du prix
des grains, ſans fouler ni le public, ni

le fabriquant, il procurera cette égalité
si désirée entre le propriétaire & le consommateur, en donnant à l'un le dé-
bouché du superflu de ses récoltes, & en
assurant à l'autre sa nouriture dans tous
les tems ; enfin les avantages de ce commerce, appréciés depuis que nous n'ap-
provisionnons plus nos Colonies qu'en
farine, ont été savamment discutés par un
homme d'Etat, préconisés par plusieurs
Auteurs très-estimables, & développés
avec tous leurs rapports dans le dernier
Mémoire que j'ai publié sur les moyens
de perfectionner promptement dans le
Royaume la meûnerie & la boulangerie.

F I N.

Fin de la Table.

www.ingramcontent.com/pod-product-compliance
Lightning Source LLC
LaVergne TN
LVHW021746060726
842528LV00003B/820